Ernst Probst

Die Mittelsteinzeit in Baden-Württemberg

Widmung

Allen Prähistorikern und Prähistorikerinnen gewidmet,
die mich bei meinen Büchern über die Steinzeit
unterstützt haben

Impressum:
Die Mittelsteinzeit in Baden-Württemberg
1. Auflage als Print-Buch: Juni 2019
Autor: Ernst Probst
Im See 11, 55246 Mainz-Kostheim
Telefon: 06134/21152
E-Mail: ernst.probst (at) gmx.de
Herstellung: Amazon Distribution GmbH, Leipzig
Alle Rechte vorbehalten
ISBN: 978-1-075-39200-9

Alltag in einer Höhle zur Zeit des Frühmesolithikums.
Zeichnung: Fritz Wendler (1941–1995)
für das Buch „Deutschland in der Steinzeit" (1991)
von Ernst Probst

Wildschweinjagd im Frühmesolithikum.
Zeichnung: Fritz Wendler (1941–1995)
für das Buch „Deutschland in der Steinzeit" (1991)
von Ernst Probst

Vorwort

Vor mehr als 7.800 Jahren deponierte man in einer rotgefärbten Grube in der Höhle Hohlenstein-Stadel bei Asselfingen die Köpfe von drei erschlagenen Menschen. Dabei handelte es sich um eine Frau, einen Mann und ein Kind. Ihre Schädel hatte man nach dem Tod vom Körper getrennt. Über diese rätselhafte Kopfbestattung und andere Funde informiert das Taschenbuch „Die Mittelsteinzeit in Baden-Württemberg" des Wiesbadener Wissenschaftsautors Ernst Probst. In jenem Abschnitt der Steinzeit vor etwa 10.000 bis 7.000 Jahren – nach anderen Angaben vor rund 11.600 bis 7.500 Jahren – lebten Jäger, Fischer und Sammler. Sie erlegten mit Stoßlanzen, Wurfspeeren sowie Pfeil und Bogen vor allem Rothirsche und Rehe. Das Eiszeitalter mit starken Klimaschwankungen war nun vorbei. Vor ungefähr 7.500 Jahren begegneten die Jäger erstmals aus dem Osten eingewanderten Bauern, welche Ackerbau, Viehzucht und Töpferei beherrschten. Diese Errungenschaften waren typisch für die Jungsteinzeit. Nach etlichen Generationen wurden sie auch von den Jägern übernommen.

Prähistoriker Wolfgang Taute (1934–1995).
Foto: Universität Köln

Die Mittelsteinzeit in Baden-Württemberg

Das Frühestmesolithikum

Die Mittelsteinzeit begann laut dem Buch „Deutschland in der Steinzeit" (1991) von Ernst Probst wie die Nacheiszeit vor etwa 10.000 Jahren, also um 8.000 v. Chr., und endete um 5.000 v. Chr. Im Online-Lexikon „Wikipedia" dagegen wird heute der Anfang der Mittelsteinzeit auf 9.600 v. Chr. und deren Ende im westlichen Mitteleuropa auf 5.800 v. Chr., im mittleren Mitteleuropa auf 5.500 v. Chr. und im nördlichen Mitteleuropa auf 4.300 v. Chr. datiert. Der zeitliche Unterschied beim Anfang der Mittelsteinzeit beruht darauf, dass man jetzt die Nacheiszeit (auch Heutzeit, Holozän oder Postglazial genannt) 1.600 Jahre früher beginnen lässt.

Den Begriff Mittelsteinzeit (Mesolithikum) hat 1874 der schwedische Geologe und Polarforscher Otto Martin Torell (1828-1900) aus Lund auf dem Internationalen Kongress für Archäologie und Anthropologie in Stockholm erstmals vorgeschlagen. Dieser aus den altgriechischen Wörtern mesos (mitten) und lithos (Stein) zusammengesetzte Name setzte sich allmählich durch. Daneben ist vor allem im romanischen Sprachbereich die Bezeichnung Epipaläolithikum (Nachpaläolithikum) gebräuchlich.

2016 waren in Baden-Württemberg mehr als 750 Fundplätze aus der Mittelsteinzeit bekannt. Die meisten davon sind von ehrenamtlichen Mitarbeitern und Mitarbeiterinnen der Denkmalpflege sowie Hobby-Archäologen entdeckt worden. Ohne

Zigeunerhöhle im Zigeunerfels bei Sigmaringen-Unterschmeien
(Kreis Sigmaringen) in Baden-Württemberg.
Foto: Manuel Heinemann / CC BY-SA 3.0
(via Wikimedia Commons),
lizensiert unter Creative-Commons-Lizenz by-sa-3.0-de,
https://creativecommons.org/licenses/by-sa/3.0/legalcode

dass sie alle zusammengezählt worden wären, schätzt man die Zahl der in Sammlungen aufbewahrten Funde auf mehrere Hundertausend. Diese Bilanz zog der Prähistoriker Claus-Joachim Kind vom Landesamt für Denkmapflege in Esslingen am Neckar. Im Vergleich mit der jüngeren Altsteinzeit wirken die Funde aus der Mittelsteinzeit seltsam arm und unspektakulär.

Die ältesten Belege für die Anwesenheit von mittelstein-özeitlichen Menschen in Baden-Württemberg stammen aus dem Frühestmesolithikum (etwa 8.000–7.700 v. Chr.). Dieser Begriff wurde 1972 durch den damals in Tübingen lehrenden Prähistoriker Wolfgang Taute (1934–1995) bei der Veröffentlichung seiner Funde aus dem Felsdach Zigeunerfels bei Sigmaringen-Unterschmeien geprägt. Bei den Grabungen im Zigeunerfels von 1971 bis 1973 entdeckte Taute mehrere Fundschichten, die er dem Übergang von der Altsteinzeit zur Mittelsteinzeit zurechnete.

Das Frühestmesolithikum fiel in das nacheiszeitliche Präboreal (etwa 8000–7000 v. Chr.), in dem ein kühles kontinentales Klima herrschte und sich weithin mit Kiefern durchsetzte Birken-wälder über die anfangs noch vorhandenen Grasflächen ausbreiteten. In diesen Wäldern lebten vor allem Rothirsche und Rehe, Auerochsen, Wildschweine, Braunbären, Wölfe, Dachse und Füchse. An den Gewässern gab es Biber und Fischotter.

Die Jäger, Fischer und Sammler aus dem Frühestmesolithikum Baden-Württembergs haben meist im Freiland, aber auch in Höhlen und unter Felsdächern gewohnt. Bisher sind vor allem Höhlen und Felsdächer erforscht worden. Bei den Hinterlassenschaften dieser Menschen handelt es sich ausschließlich um kleinformatige Steinwerkzeuge.

Im Zigeunerfels fand man außer den Schichten aus der späten

Beuron (Kreis Tuttlingen), links die Donau.

Donaudurchbruch bei Beuron zwischen Fridingen und Sigmaringen.

Altsteinzeit und dem Frühestmesolithikum auch solche der nächsten Stufe, dem Beuronien. Dies zeigt, dass jene Höhle in der Mittelsteinzeit wiederholt aufgesucht wurde.

Die Menschen des Frühestmesolithikums dürften auch Zelte oder Hütten unter freiem Himmel errichtet haben. An Stangenholz herrschte damals kein Mangel. Als Material für das Dach boten sich Felle von Rothirschen oder Rehen, belaubte Äste, Schilf oder Rindenbahnen an. Auch den Erdboden konnte man mit solchen Materialien belegen.

Wie in der späten Altsteinzeit waren diese Menschen Jäger und Sammler. Für die Jagd standen außer Stoßlanzen und Wurfspeeren auch Bogen und Pfeile zur Verfügung. Als Jagdbeute dürften Rothirsche und Rehe besonders begehrt gewesen sein. Hinweise auf die Haltung von Hunden, auf Tauschgeschäfte, Boote oder Einbäume, auf Kleidung, Schmuck und Kunst aus dem Frühestmesolithikum in Baden-Württemberg fehlen bisher. Da es solche aber aus anderen mittelsteinzeitlichen Stufen oder Gruppen gibt, ist es durchaus möglich, dass in den Moorgebieten Oberschwabens, etwa um den Federsee, entsprechende Funde noch gemacht werden.

Im Fundgut aus dem Zigeunerfels sind die für das Frühestmesolithikum typischen Steinwerkzeuge gut vertreten. Ganz deutlich ist die Tendenz zu kleineren Formen der aus Stein geschlagenen Werkzeuge, die als Charakteristikum der Mittelsteinzeit gilt: Die in der späten Altsteinzeit noch üblichen Rückenspitzen gab es im Spätmesolithikum nicht mehr, Rückenmesser nur noch vereinzelt. Häufig waren dagegen Mikrospitzen und Dreiecke (Mikrolithen).

Wie die Frühestmesolithiker in Baden-Württemberg ihre Toten behandelten, weiß man nicht, weil weder menschliche Skelettreste noch Gräber aus dieser Kulturstufe bekannt sind. Auch über die religiösen Vorstellungen der damals lebenden

Von Wölfen angegriffener Auerochse (Ur).
Gemälde des Berliner Tiermalers Heinrich Hardor (1858–1935)

Menschen lassen sich nur Spekulationen anstellen, wobei man sich häufig an der Religion der heute noch existierenden Naturvölker orientiert.

Das Beuronien

An das verhältnismäßig kurze Frühestmesolithikum schloss sich in Baden-Württemberg das auch in Bayern, Rheinland Pfalz und in der Nordschweiz verbreitete Beuronien[1] (etwa 7700–5800 v. Chr.) an. Der von Wolfgang Taute geprägte Begriff wurde erstmals 1971 in seiner ungedruckten Habilitationsschrift verwendet. In der Literatur fand er 1972 in einem Vorbericht über die Grabungen unter dem Felsdach Zigeunerfels Eingang. Der Name erinnert an den württembergischen Ort Beuron (Kreis Tuttlingen), in dessen Nähe in der Jägerhaushöhle[2] bei Fridingen-Bronnen Fundschichten des Frühmesolithikums entdeckt wurden.

Taute unterschied zwischen Beuronien A (Jägerhaushöhle, Zigeunerfels und die Schuntershöhle bei Allmendingen im Alb-Donau-Kreis), Beuronien B (Höhle Fohlenhaus[3] bei Langenau im Alb-Donau Kreis) und Beuronien C (unter anderem das Felsdach Inzigkofen[4] im Kreis Sigmaringen und die Höhle Fohlenhaus).

Das Beuronien fiel zunächst in das Präboreal (etwa 8000–7000 v. Chr.). Zu dieser Zeit gab es mit Kiefern durchsetzte Birkenwälder, in denen außerdem auch einige klimatisch anspruchsvollere Kräuter und Sträucher gediehen. Die letzten 1.200 Jahre des Beuronien entsprachen dem Boreal (etwa 7000–5800 v. Chr.). Damals setzten sich massenhaft Haselnusssträucher durch. Daneben wuchsen aber auch Eichen, Eschen und Ulmen, die an das Klima etwas höhere Ansprüche stellten als die Birken oder Kiefern.

*Genesungsaufenthalt 1946 im Schwarzwald von Eduard Peters (links)
mit Bürgermeister Stefan Fink (rechts) aus Veringenstadt.
Foto: Th. Fink, Veringen / CC BY-SA 4.0
(via Wikimedia Commons),
lizensiert unter Creative-Commons-Lizenz by-sa-4.0-en,
https://creativecommons.org/licenses/by-sa/4.0/legalcode*

*Höhlen Hohlenstein-Stadel und Kleine Scheuer im Lonetal.
Foto Thilo Parg / CC BY-SA 3.0 (via Wikimedia Commons),
lizensiert unter Creative-Commons-Lizenz by-sa-3.0,
https://creativecommons.org/licenses/by-sa/3.0/legalcode*

Während des Beuronien existierte in Baden-Württemberg eine artenreiche Tierwelt. In der Donau und deren Nebenflüssen lebten Äschen, Döbel, Hechte, Forellen, Rutten, Weißfische, Flussmuscheln und Krebse. Zur Vogelwelt gehörten unter anderem Auerhähne. In und am Wasser lebten Biber, Fischotter, Enten, Wildgänse und Reiher. Auf dem Land hielten sich Rothirsche, Rehe, Auerochsen, Braunbären, Füchse, Wildkatzen, Dachse und Baummarder auf. Von all diesen Tieren hat man an verschiedenen Fundstellen Reste geborgen.

Skelettreste von Beuronien-Leuten sind in Baden-Württemberg bisher selten entdeckt worden. Dazu zählen die Knochen eines Erwachsenen aus der Falkensteinhöhle bei Thiergarten (Kreis Sigmaringen) und Skelettreste von mindestens vier Menschen aus Blaubeuren-Altental (Alb-Donau-Kreis).

Die menschlichen Knochen aus der Falkensteinhöhle wurden 1935 von dem Oberpostrat i. R. Eduard Peters (1869–1948) aus Veringenstadt entdeckt. Sie stammen von einem etwa 30 bis 40 Jahre alten Mann, der um 7.200 v. Chr. lebte und starb sowie etwa 1,70 Meter groß gewesen sein dürfte.

Am Fundort Blaubeuren-Altental (auch Höhlesbuckel oder Muckenfelsen genannt) entdeckte man zwischen 1949 und 1951 insgesamt 18 Skelettelemente, die von mindestens vier Menschen stammen. Die ersten Funde kamen im Herbst 1949 bei der Anlage eines kleinen Parkplatzes unterhalb des Schotterwerkes E. Merkle dicht an einem Felsen im Blautal ans Tageslicht. Der Besitzer des Schotterwerkes, Eduard Merkle (1904–1951), barg zunächst einen Schädel ohne Unterkiefer und evtl. Langknochen. Zwischen 1949 und 1951 fand der Oberstudiendirektor Albert Kley (1901–2001) aus Geislingen bei der Nachsuche weitere Skelettelemente (Unterkiefer, Wirbel, Rippen, Schienbein). Die Skelettreste von Blaubeuren-Altental stammen alle von Erwachsenen. Eine AMS-14C-

Datierung des Schädels ohne Unterkiefer ergab ein Alter von 9.250 Jahren vor heute, also um 7.250 v. Chr.

Früher hat man auch die Skelettreste eines Kindes aus der Halbhöhle Felsställe bei Ehingen-Mühlen (Alb-Donau-Kreis) als mittelsteinzeitlich betrachtet. Doch nach einer Alters-datierung in Zürich gehören die Reste dieses Kindes im Alter zwischen ein und zwei Jahren in die Jungsteinzeit.

Die Beuronien-Leute wohnten in Höhlen, unter Felsdächern und unter freiem Himmel in Zelten oder Hütten. Prähistoriker bezeichnen Plätze mit größeren Siedlungen, in denen sich Menschen einer Lokalgruppe mehrere Wochen lang aufhielten, als Hauptlager. In deren Umgebung nutzte man intensiv die zur Verfügung stehenden Ressourcen. Plätze, die lediglich zu bestimmten Zwecken aufgesucht wurden und zu denen man kleine Gruppen schickte, werden Außenlager genannt. Von Außenlagern aus hat man gejagt, gefischt und gesammelt.

In der Höhle Jägerhaus, der Falkensteinhöhle sowie unter den Felsdächern Helga-Abri[5] und Inzigkofen (alle auf der mittleren Alb gelegen) stieß man auf räumlich begrenzte Brandschichten und andere Siedlungsreste.

Im Helga-Abri beispielsweise war eine Mulde mit einem Durchmesser von etwa zwei Metern eingetieft. Darin hatte man aus Steinen eine kreisförmige Feuerstelle angelegt. Vermutlich markierte diese Mulde den Grundriss eines an die Felswand angelehnten Windschirms oder einer Hütte. In dieser Behausung fand vielleicht eine Familie für kurze Zeit einen Unterschlupf. Es hat den Anschein, als seien im Helga-Abri mehrere solcher Mulden an der Felswand aufgereiht gewesen.

Eine ähnliche Behausung wie im Helga-Abri vermutet man auch in der Spitalhöhle[6] am Bruckersberg bei Giengen (Kreis Heidenheim).

Als Standorte für Siedlungen unter freiem Himmel wurden vielfach Kuppen oder vorspringende Erhebungen im Gelände in der Nähe von Quellen, Bächen, Flüssen oder Seen ausgewählt. Allein rund um den Federsee, der in der Mittelsteinzeit viel größer als heute war, konnte man etwa hundert Fundstellen von Steinwerkzeugen nachweisen. Die einzelnen Siedlungen dürften an diesem See wie an einer Perlenschnur aufgereiht gewesen sein. Sie haben jedoch nicht alle gleichzeitig bestanden.

In der älteren Literatur spielt der Fundort Tannstock am Federsee (Kreis Biberach) eine wichtige Rolle als angeblicher Standort von zwei verschiedenaltrigen mittelsteinzeitlichen Siedlungen. Der damals in Berlin lehrende Prähistoriker Hans Reinerth (1900–1990) deutete 1936 längliche, ovale und rundliche Gruben von zwei bis vier Meter Durchmesser als Grundrisse von Hütten. Insgesamt konnte er 54 solcher Gruben nachweisen, von denen einige am Rand Feuerstellen besaßen. Über diesen Gruben stellte sich Reinerth ein korbartiges Stangengerüst vor, das eine 25 bis 30 Zentimeter starke Reisigwand trug und dessen Dach mit Schilf bedeckt war. In die Hütten soll ein schräger, schmaler Gang geführt haben. Jedes der beiden Dörfer hätte 40 bis 60 Menschen beherbergt. Heute bezweifelt man, dass es sich bei den Gruben von Tannstock tatsächlich um Reste von Behausungen handelt. Vielleicht war es nur die von umgestürzten Bäumen und deren Wurzelballen herausgerissene Erde, die diese Gruben schuf. Immerhin hat man in einigen der Gruben unverzierte Keramikreste entdeckt. Dies könnte damit erklärt werden, dass es sich um jungsteinzeitliche Gruben handelt, in welche die mittelsteinzeitlichen Funde durch Überpflügen gerieten.

Mit dem Beuronien lässt sich vielleicht auch der Grundriss einer ovalen Hütte von 2,80 Meter Länge und 1,80 Meter

Jäger, Fischer und Sammler der Mittelsteinzeit.
Gemälde von Fritz Wendler (1941–1995) für das Buch
„Deutschland in der Steinzeit" (1991) von Ernst Probst

Breite am Obersee bei Kißlegg (Kreis Ravensburg) in Zusammenhang bringen. Sie war etwa 50 Zentimeter in den Boden eingetieft und bestand aus 4 bis 8 Zentimeter dicken Holzstangen, die man vermutlich mit Reisig abdeckte. Vielleicht hat man auf das Dach auch Schilf gelegt. Im Innern dieser Behausung brannte ein Feuer. Der niedrige Eingang war wahrscheinlich mit einem Fell verhängt.

Zwischen 1990 und 2004 wurden bei Rettungsgrabungen in Siebenlinden bei Rottenburg/Neckar etliche Lagerplätze aus dem Frühmesolithikum um 8.000 v. Chr. und dem Spätmesolithikum um 5.800 v. Chr. untersucht. Einge hatten als Außenlager gedient, andere als Hauptlager. Insgesamt wies man dort fast 40 Feuerstellen nach, an denen man gekocht und sich gewärmt hat. Zum Fundgut gehören Jagdbeutereste vom Auerochsen und Eichen sowie Pflanzenkost wie Nüsse, Beeren und Blätter.

Die Jäger des Beuronien haben mit Stoßlanzen, Wurfspeeren sowie Pfeil und Bogen vor allem Rothirsche, Rehe und Wildschweine erlegt. Jagdbeutereste dieser Tiere fand man am Felsdach Inzigkofen, in der Falkensteinhöhle, in der Jägerhaushöhle, in der Höhle Malerfels[7] und in der Freilandsiedlung Henauhof-Nordwest (Stadt Buchau, Kreis Biberach) im Bereich des alten Federseeufers.

Im Malerfels bei Heidenheim-Herbrechtingen (Kreis Heidenheim) barg man die Reste von zwei Rehen, einem Wildschwein, einem Rothirsch, einem Auerhahn, einer Wildgans sowie von Fischen (fünf Hechte, zwei Äschen, eine Rutte, ein Döbel). Dies ergab insgesamt etwa 400 Kilogramm Fleisch, wovon sich eine fünfköpfige Familie ungefähr zwei Monate lang ernähren konnte. Mahlzeitreste von Fischen kennt man auch aus der Jägerhaushöhle (Weißfische) und von Henauhof-Nordwest (ein Hecht).

Die Jagd mit Pfeil und Bogen ist eindrucksvoll durch den Fund aus einem Moor bei Villingen-Schwenningen belegt. Dort stieß man auf das Skelett eines verendeten Auerochsen, in dessen Becken eine steinerne Pfeilspitze steckte. Sie stammt von einem Pfeil, der schräg von hinten auf dieses Wildrind abgeschossen worden war. Das verwundete Tier konnte zwar flüchten, ertrank aber in dem ehemaligen See. Der Fund wurde mit Hilfe von Blütenstaub pollenanalytisch in das Frühmesolithikum, also das Beuronien, datiert.

Außer dem Fleisch von Fischen, größeren Vögeln und von Säugetieren verzehrten die Menschen des Beuronien auch Muscheln, Vogeleier, essbare Pflanzen und Haselnüsse. Reste von Schildampfer *(Rumex scutatus)* und Bärlauch *(Allium ursinum)* wies man in der Jägerhaushöhle nach. In der Burghöhle von Dietfurt[8] bei Inzigkofen (Kreis Sigmaringen) sowie in der Falkensteinhöhle und im Helga-Abri entdeckte man im Feuer verbrannte Haselnussschalen. Zum Fundgut der Burghöhle von Dietfurt und der Jägerhaushöhle gehörten auch Muscheln (Unioniden), bei denen Teile des Schlosses fehlten. Sie wurden also aufgebrochen, um an das Muschelfleisch zu gelangen. Im Helga-Abri stieß man auf große Bruchstücke von Eierschalen; offenbar waren die Eier von Menschen hierhergebracht und gegessen worden.

Die Jäger, Fischer und Sammler des Beuronien haben bei Begegnungen mit anderen Familien oder Sippen häufig begehrte Produkte getauscht. Dies lässt sich vor allem an der Herkunft von Schmuckschnecken aus fernen Gebieten ablesen. Fossile Schmuckschnecken aus dem Mainzer Becken kennt man aus der Burghöhle von Dietfurt *(Potamides lamarcki)*, aus der Falkensteinhöhle *(Potamides plicatus, Potamides laevissimus)* und aus dem Probstfels[9] bei Beuron im Kreis Sigmaringen *(Potamides laevissimus)*. In der Falkensteinhöhle und im Probst-

*Mikrolithen aus der Jägerhaushöhle bei Fridingen-Bronnen
(Kreis Tuttlingen) in Baden-Württemberg.
Untere Reihe Beuronien A,
2. Reihe von unten Beuronien B,
3. Reihe von unten Beuronien C,
obere Reihe Spätmesolithikum.
Foto: Institut für Ur- und Frühgeschichte der Universität Tübingen*

fels entdeckte man sogar Schmuckschnecken der Art *Colum-bella rustica*, die auf das Mittelmeer und die spanisch-portugiesische Atlantikküste beschränkt ist. Außerdem kamen in diesen beiden Höhlen Schalen der Schneckenart *Cerithium repestre* zum Vorschein, die im Mittelmeer beheimatet ist.

Die Kleidung der Beuronien-Leute wurde vermutlich aus Hirschleder angefertigt. Wahrscheinlich trug man ebenso wie in der jüngeren Altsteinzeit an kühleren Tagen Jacken, lange Hosen und Schuhe. In der warmen Jahreszeit genügte vielleicht ein Lendenschurz.

Die zahlreichen Funde von Schmuckschnecken aus Höhlen in Baden-Württemberg dokumentieren den Schönheitssinn der Beuronien-Leute. Die Schneckengehäuse wurden durchbohrt und dann entweder als Verzierung der Kleidung oder als Bestandteile von Halsketten getragen. Daneben schätzte man auch durchlochte Tierzähne als Schmuckstücke. Von Henauhof-Nordwest sind durchbohrte Fuchszähne bekannt. Besonders viele Schmuckstücke hat man in der Burghöhle von Dietfurt geborgen. Dazu gehören zentral durchbohrte Fischwirbel, seitlich durchbohrte Schlundzähne des Perlfi-sches *(Rutilus frisii)* – ein Karpfenartiger, der heute nicht mehr in der Donau vorkommt – und Schneckengehäuse *(Gyraulus trochiformis)*. Manchmal haben die Beuronien-Leute auch Gebrauchsgegenstände verziert, wie ein Knochenglätter aus Henauhof-Nordwest zeigt.

Die Steinwerkzeuge wurden im Beuronien auf ähnliche Weise wie in der jüngeren Altsteinzeit hergestellt. Die Steinschläger spalteten von vorbereiteten Feuersteinknollen lange und schmale Klingen oder Späne ab. Lange Klingen setzte man als Messer in Holzschäfte ein. Kurze, dicke Abschläge dienten als Kratzer, mit denen man Holz, Knochen oder Geweih bearbeiten konnte. Ein Teil der Klingen wurde zu weniger als zwei Zentimeter langen Mikrolithen in Dreiecksform zurechtgehauen.

Das Rohmaterial für die Steinwerkzeuge stammte meist aus einem Umkreis von zehn oder weniger Kilometern. Wenn das örtlich vorkommende Gestein schlecht spaltbar war, beschaffte man den geeigneten Rohstoff aus größerer Entfernung. In Einzelfällen liegt der Herkunftsort einer Gesteinsart bis zu 50 Kilometer weit von der Fundstelle entfernt, an der Werkzeuge entdeckt wurden.

Auffällig sind die weißlich-rosa Färbung und der seidige Glanz vieler Steinwerkzeuge aus dem Beuronien. Sie rühren daher, dass das für die Anfertigung von Werkzeugen bestimmte Gestein unter einer Feuerstelle im Sand vergraben und bewusst auf 290 bis 370 Grad Celsius erhitzt wurde. Dieses Aufheizen wird als Tempern bezeichnet und war offenbar nur in Süddeutschland üblich. Durch das Tempern verbesserte man die schlagtechnischen Eigenschaften des Jurahornsteins. Für die Jagd härtete man die Spitzen der Holzspeere im Feuer. Um Waffen aus dem Beuronien handelt es sich vielleicht bei zwei im Moor des Federseegebietes entdeckten Speeren. Einer davon wurde 1980 an der Fundstelle Taubried II gefunden. Sein Holzschaft ist sorgfältig geglättet, seine Spitze im Feuer gehärtet. Die Holzpfeile versah man mit steinernen Spitzen, beispielsweise Dreiecksmikrolithen. Eine solche Pfeilspitze steckte im Skelett des schon erwähnten Wildrindes aus Villingen-Schwenningen.

Die Befunde aus der Falkensteinhöhle und vielleicht auch von Blaubeuren-Altental deuten darauf hin, dass das Feuer bei den Bestattungen im Beuronien eine bestimmte, noch ungeklärte Funktion hatte. So lassen zahlreiche angekohlte oder dunkel gefärbte Schädeldachfragmente unter den menschlichen Skelettresten aus der Falkensteinhöhle auf

Feuereinwirkung schließen. Spuren von Feuer entdeckte man auch im Zusammenhang mit den Bestattungen von Blaubeuren-Altental. Einige Steine waren angebrannt.

Das Spätmesolithikum

Als letzter Abschnitt der Mittelsteinzeit in Baden-Württemberg gilt das Spätmesolithikum (etwa 5800–5000 v. Chr. oder neuerdings um 7.000/6.500–5.500/4.500 v. Chr.). Dieser Begriff wurde 1972 für diese Region von dem Tübinger Prähistoriker Wolfgang Taute in die Literatur eingeführt. Noch vor der Mitte des Spätmesolithikums trafen etwa um 5500 v. Chr. die ersten aus dem Osten eingewanderten Bauern der Linienbandkeramischen Kultur (etwa 5.500–4.900 v. Chr.) in Baden-Württemberg ein. Die Spätmesolithiker haben etliche Generationen lang weiterhin als Jäger, Fischer und Sammler gelebt, bevor sie von den Bauern den Ackerbau, die Viehzucht und die Töpferei als neue Errungenschaften übernahmen, die für die Jungsteinzeit kennzeichnend sind.

Das Spätmesolithikum entsprach den ersten 800 Jahren des Atlantikums, das um 5800 v. Chr. begann. Während dieser Zeit-spanne gediehen vor allem Eichenmischwälder mit Eichen, Ahorn, Eschen, Linden und Ulmen. In den damaligen Gewäs-sern tummelten sich Äschen, Döbel, Perlfische, Hechte und Huchen sowie zahlreiche Wasservögel, darunter Enten und Säger. Daneben gab es am Wasser manchmal Biber und Fischotter. Der immer dichter werdende Urwald beherbergte Rothirsche, Rehe, Auerochsen, Wildschweine, Hasen, Braunbären, Wölfe und Füchse. In felsigen Regionen existierten Gämsen und Steinböcke.

Im Spätmesolithikum haben nach Schätzungen des Tübinger Prähistorikers Hansjürgen Müller-Beck (1927–2018) minde-

Einwandernde Bauern der Linienbandkeramischen Kultur.
Zeichnung von Fritz Wendler (1941–1995)
für das Buch „Deutschland in der Steinzeit" (1991)
von Ernst Probst

stens einige hundert Menschen in Baden-Württemberg gleichzeitig gelebt, vielleicht sogar etwa tausend, was rund 200 Familien entspräche. Von den Spätmesolithikern liegen bisher drei
Schädel aus dem Hohlenstein-Stadel, ein einzelner Backenzahn unter dem Felsdach Inzigkofen und zwei Zähne aus der
Jägerhaushöhle vor. Der Tübinger Anthropologe Alfred Czarnetzki hat die drei Zähne untersucht und 1978 beschrieben.
Die drei Schädel im Hohlenstein-Stadel kamen 1937 bei Ausgrabungen des Tübinger Geologen und Prähistorikers Otto
Völzing (1910–2001) sowie des Tübinger Anatomen Robert
Wetzel (1898–1962) zum Vorschein. Es sind die Schädel von
einer ca. 20 Jahre alten Frau, einem etwa 20- bis 30-jährigen
Mann und einem zwei- bis vierjährigen Kind. Eine AMS-14C-
Datierung ergab ein Alter von 6.789 bis 6.464 v. Chr, was
heute dem Spätmesolithikum entspricht.
Von den in einer rotgefärbten Grube deponierten drei Schädeln aus der Höhle Hohlenstein-Stadel weisen die Köpfe der
beiden Erwachsenen auf der linken Seite ovale Schlagmarken
einer keulenartigen Hiebwaffe auf. Das Kind ist durch einen
Schlag auf den Hinterkopf getötet worden. An den Hals-
wirbeln zeigen Schnittspuren, wie die Schädel vom Körper
abgelöst wurden. Man hatte sie von vorn nach hinten durch-
trennt. Ihre Gesichter waren nach Südwesten ausgerichtet.
Als Schmuckbeigaben dienten Zähne vom Perlfisch. Vermutlich ist diese Kopfbestattung aus den gleichen Motiven
vorgenommen worden, aus denen auch die Kopfbestattungen
in der Großen Ofnethöhle bei Holheim (Kreis Donau-Ries)
in Bayern erfolgten.
Der 1965 bei einer Ausgrabung von Wolfgang Taute entdeckte
Backenzahn unter dem Felsdach Inzigkofen stammt von
einem Menschen, der im Alter von mehr als 20 Jahren starb.
Es handelt sich um einen linken oberen dritten Backenzahn,

Schädelbestattung in der Großen Ofnethöhle bei Holheim in Bayern.
Zeichnung des paläontologischen Zeichners
Anton Birkmaier (1869–1926) aus München,
die er nach einer Fotografie anfertigte

bei dem die Höcker bereits stark abgeschliffen waren. An einer Stelle lag bereits das Zahnbein (Dentin) frei. Demnach ist dieser Zahn zu Lebzeiten seines Trägers erheblich beansprucht worden. In der Magisterarbeit von Jörg Josef Götze von 2010 wird spekuliert, der Backenzahn sei vielleicht durch einen Unfall oder bei einer Schlägerei verlorengegangen.

Die 1964 bei einer Ausgrabung von Wolfgang Taute gefundenen beiden menschlichen Zähne aus der Jägerhaushöhle kamen in der spätmesolithischen Kulturschicht 7 zum Vorschein. Einer dieser Funde wurde als Fragment eines rechten oberen ersten Schneidezahns identifiziert, der andere als rechter unterer Milchzahn. Diese Zähne gehörten einem etwa sechs bis elf Jahre alten Kind.

Siedlungsspuren aus dem Spätmesolithikum grub man vor allem in Höhlen und unter Felsdächern aus. Zu den Höhlenfundstellen zählen die Burghöhle von Dietfurt bei Inzigkofen, die Falkensteinhöhle bei Beuron und der Zigeunerfels bei Sigmaringen (alle drei im Kreis Sigmaringen), das Jägerhaus bei Fridingen-Bronnen (Kreis Tuttlingen) und die Schuntershöhle bei Allmendingen (Alb-Donau-Kreis). Als Unterschlüpfe unter Felsvorsprüngen sind das Felsdach Lautereck[10] bei Lautrach (Alb-Donau-Kreis) und das Felsdach Inzigkofen (Kreis Sigmaringen) bekannt.

Die Zahl der bisher entdeckten Freilandsiedlungen aus dem Spätmesolithikum ist geringer als die der vorangegangenen Epochen. Ihr Standort wurde bewusst in der Nähe von Gewässern gewählt. Dort fand man nicht nur ausreichend Trinkwasser, sondern häufig auch Fische und Wildtiere vor, die hier zur Tränke kamen. Mit dem in den Wäldern reichlich vorhandenen Holz konnte man leicht Zelte oder Hütten errichten. Für die Spätmesolithiker hatte die Jagd noch große Bedeutung, wobei das Wild im jetzt dichter gewordenen

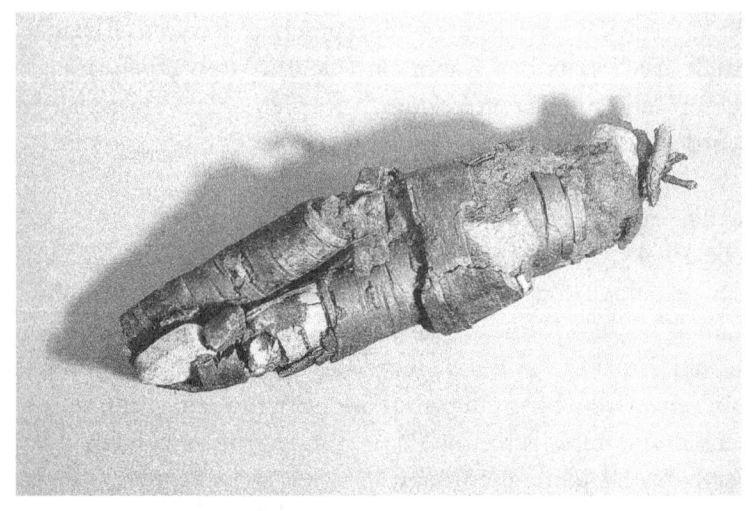

Netzsenker von Henauhof-Nord II am Federsee
bei Bad Buchau in Baden-Württemberg.
Foto: Landesdenkmalamt Baden-Württemberg,
Außenstelle Tübingen

Urwald schwerer aufzuspüren war. Die damaligen Jäger brachten mit Pfeil und Bogen vor allem Rothirsche, Wildschweine und die wehrhaften Auerochsen zur Strecke. Jagdbeutereste vom Rothirsch, Reh und Fuchs wurden in Henauhof-Nord II am Federsee gefunden. Dort barg man auch ein etwa 30 Zentimeter langes Stück Birkenrinde, das mehrfach übereinandergerollt und mit ortsfremdem Lehm und einigen bis zu 4 Zentimeter großen Kieseln gefüllt ist. Dieser Fund wird als Netzsenker betrachtet und dokumentiert somit indirekt den Fang von Fischen.

Außer dem Fleisch erlegter Wildtiere und gefangener Fische, das man wohl meist briet, aß man auch das Fleisch von Flussmuscheln und das Innere von Vogeleiern. Hinzu kam vegetarische Kost wie Haselnüsse, die es zu dieser Zeit in Hülle und Fülle gab, sowie Beeren und schmackhafte Kräuter. Ernsthafte Versorgungsprobleme gab es vermutlich nur dann, wenn ein Winter ungewöhnlich lang dauerte und die Nahrungsvorräte aufgebraucht waren. Zum Leben der Spätmesolithiker dürften in einem gewissen Umfang auch Tauschgeschäfte gehört haben. Begehrt waren vor allem Produkte, die im näheren Umkreis nicht vorhanden waren: bestimmte Schmuckschnecken oder seltene Feuersteinarten. Bei diesen Tauschgeschäften konnten jedoch nur geringe Mengen den Besitzer wechseln. Für größere Stückzahlen mangelte es an Transportmöglichkeiten.

Vielleicht haben die an Seen wohnenden Spätmesolithiker bereits dicke Baumstämme gefällt, ausgehöhlt und als Einbäume zur Jagd oder für kürzere Reisen benutzt. Zumindest hat man solche Wasserfahrzeuge in anderen Kulturstufen der Mittelsteinzeit schon gekannt.

Zur Kleidung der Spätmesolithiker gehörten vermutlich eine Jacke, Hose und Schuhe aus Tierhäuten, die man zu ge-

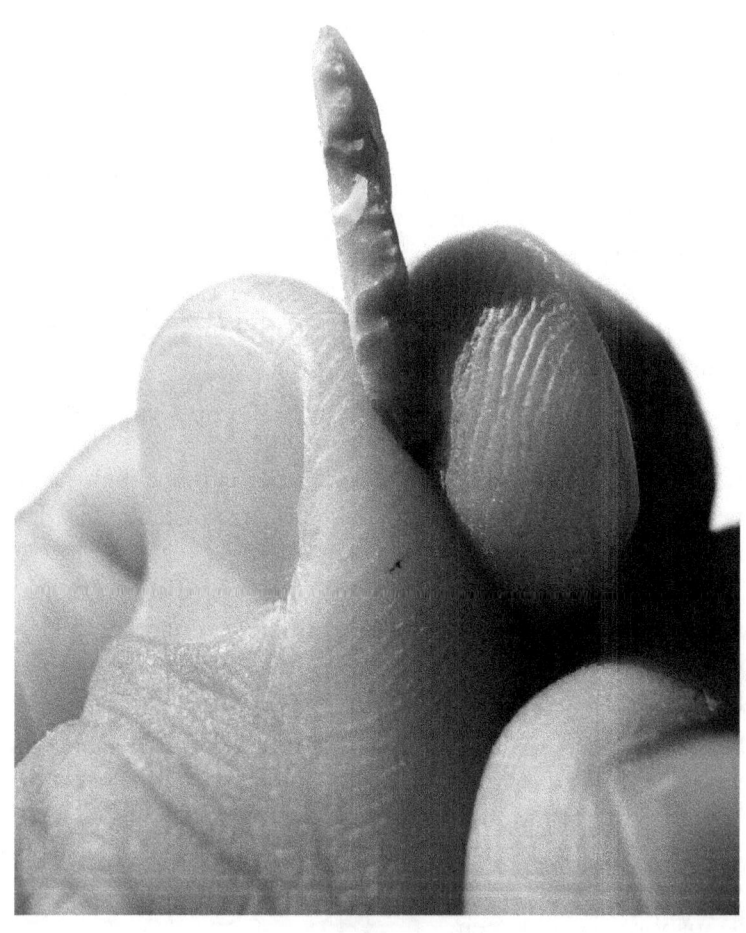

Mikrolith aus der Mittelsteinzeit.
Foto: José-Manuel Benito Álvarez / CC BY-SA 2.5
(via Wikimedia Commons),
lizensiert unter Creative-Commons-Lizenz by-sa-2.5-en,
https://creativecommons.org/licenses/by-sa/2.5/legalcode

schmeidigem Leder verarbeitete und zusammennähte. Als Material hierfür eignete sich wohl am besten Hirschleder, weil man daraus große Stücke schneiden konnte.

Wie in früheren Abschnitten der Mittelsteinzeit wurden auch im Spätmesolithikum bestimmte Gehäuse von Schnecken als Schmuck geschätzt. Beispielsweise fand man in der Jägerhaushöhle an der oberen Donau ein von Menschenhand durchbohrtes Gehäuse der fossilen Süßwasserschnecke *Gyraulus trochiformis* aus dem Steinheimer Becken. Dieser Fund ist ein Beleg für die Mobilität der damaligen Jäger, Fischer und Sammler.

Die Steinwerkzeuge und -waffen der Spätmesolithiker zeugen von guter Beherrschung der Schlagtechnik und von großer Sorgfalt bei der Bearbeitung. Von vorbereiteten Steinkernen wurden noch regelmäßigere relativ breite und dünne Klingen als bisher abgetrennt, die man zu bestimmten Formen weiter verarbeitete. Unter anderem fertigte man scharfkantige Einsätze für Schneidegeräte mit einem Griff aus Holz oder Geweih, kurze Kratzer zur Holz- oder Lederbearbeitung sowie Stichel zum Beschnitzen von Knochen oder Geweih an.

Die aus Jurahornstein oder Keuperhornstein geschaffenen Mikrolithen dienten vielfach zur Bewehrung von Pfeilen. Dazu verwendete man nur noch selten lange und spitze Mikrolithen wie in früheren Kulturstufen der Mittelsteinzeit. Viel häufiger waren Pfeilbewehrungen in Form relativ hoher, trapezförmiger Mikrolithen, deren breiteres Ende die Schneide bildete. Solche Trapeze oder Querschneider hatten gegenüber spitzen Geschossen den Vorteil, dass sie bei der Jagd im Wald nicht durch Berührung von kleinsten Zweigen aus der geplanten Flugbahn abgelenkt wurden. Außerdem glitten die mit Querschneidern versehenen Pfeile am dichten Balg der Vögel nicht so leicht ab.

Die Spätmesolithiker in Baden-Württemberg haben auch Werkzeuge und Waffen aus Geweih hergestellt. Unter dem Felsdach Inzigkofen und in der Jägerhaushöhle wurden aus breiten Hirschgeweihspänen geschnitzte Harpunen geborgen. Bei ihnen ist unklar, ob sie fest mit dem Holzschaft verbunden waren oder ob sie sich nach einem Treffer davon lösten. In letzterem Fall dürfte die mit Widerhaken versehene Waffenspitze nach dem Wurf an einer langen Lederleine gehangen haben.

Über die Religion der Spätmesolithiker in Baden-Württemberg weiß man nichts Konkretes. Möglicherweise war die Geisteswelt dieser Jäger, Fischer und Sammler von der Furcht vor unerklärlichen Naturerscheinungen geprägt.

Anmerkungen

1] Statt des Begriffes Beuronien findet man in der Fachliteratur auch den 1975 durch den Warschauer Prähistoriker Stefan Karol Kozlowski eingeführten Namen Beuron-Coincy-Kultur. Er erinnert an die Fundorte Beuron in Deutschland und Coincy in Frankreich. Als Synonyme dafür gelten die Begriffe Facies Coincy (1971 von dem französischen Prähistoriker Jean-Georges Rozoy (1922–2019) aus Charleville geprägt), Sauveterroider Horizont (1963 von dem Berner Prähistoriker Hans-Georg Bandi (1920–2016) verwendet und Komplexe vom Smolin-Typus (1972 durch Stefan Karol Kozlowski eingeführt).

2] In der Jägerhaushöhle hat von 1964 bis 1967 der damals in Tübingen wirkende Prähistoriker Wolfgang Taute (1934–1995) gegraben. Von 1980 bis zu seinem Tod hatte Taute eine Professur für Jüngere Steinzeiten (Mesolithikum und Neolithikum) am Institut für Ur- und Frühgeschichte der Universität Köln. Taute starb am 29. November 1995 während eines Spazierganges unweit seines Wohnortes Mehren im Westerwald überraschend an einem Gehirnschlag.

3] In der Höhle Fohlenhaus haben 1883/84 der Oberförster Ludwig Bürger (1844–1898) aus Langenau, 1947/48 der Oberstudiendirektor Albert Kley (1901–2001) aus Geislingen und 1962/63 Wolfgang Taute (s. Anm. 2) gegraben. Der Name Fohlenhaus beruht auf der Anordnung von zwei Höhlen-Mundlöchern in einem fast 20 Meter hohen Felsen, die phantasievoll als Fohlen gedeutet wurden. – Der Oberförster und Altertumsforscher Ludwig Georg Heinrich Bürger – so kein kompletter Name – wurde in Bad Mergentheim geboren und starb in Langenau. – Albert Kley war von 1945 bis 1972

Oberförster und Heimatforscher Ludwig Bürger (1844–1898)
aus Langenau.
Aufnahme eines unbekannten Fotografen

Direktor des Gymnasiums in Geislingen. Er hatte in den 1920er Jahren das Studium der Urgeschichte an der Universität Tübingen begonnen und an den berühmten Grabungen auf der spätbronzezeitlichen „Wasserburg" Buchau teilgenommen. Wegen der damaligen Politisierung prähistorischer Forschung brach er das Studium ab und sattelte auf das Lehramt um. Sein beharrliches Engagement für die Vorgeschichtsforschung, die im Dritten Reich als herausragende nationale Wissenschaft galt, sicherte ihm den Beamtenstatus. Kleys damaliges archäologisches Interesse galt vor allem dem Mesolithikum. Während seiner rund 70jährigen Sammeltätigkeit trug er Funde von mehreren hundert Plätzen von der Altsteinzeit bis bis Mittelalter und die Neuzeit zusammen.

4] In Inzigkofen haben 1938 Eduard Peters (1869–1948) und 1965 Wolfgang Taute (s. Anm. 2) gegraben. Eduard Ferdinand Albert Peters wurde 1925 aus gesundheitlichen Gründen als Postbeamter pensioniert. Danach studierte er an der Albert-Ludwigs-Universität Freiburg Geologie mit den Nebenfächern Botanik, Zoologie und Urgeschichte. 1926 begann er mit Grabungen im Hegau. Nach ihm ist die Petersfelshöhle im Brudertal bei Engen benannt. Ab 1934 arbeitete er in der Staatlichen Altertümersammlung im Alten Schloss in Stuttgart. Dort bekam er bald Probleme mit den Nationalsozialisten. Er hasste jede Art von Gängelung und wollte nicht in die NSDAP eintreten. Ungeachtet dessen ernannte man ihn 1934 zum ehrenamtlichen Vertrauensmann für die Bodenaltertümer in Hohenzollern. Ab 1934 untersuchte er zahlreiche Höhlen um Veringenstadt. Ab 1938 war Peters von den Nazis geächtet. Von 1939 bis 1943 beteiligte er sich an Grabungen in Italien. Nach Luftangriffen auf Stuttgart im April 1944 zog Peters nach Veringenstadt, wo ihm der damalige Bürgermeister Stefan Fink eine Wohnung im Rathaus angeboten hatte. 1947

*Der Prähistoriker Eduard Peters (1869–1948)
hat 1938 in Inzigkofen gegraben.
Aufnahme eines unbekannten Fotografen*

ernannte ihn die Universität Freiburg ween seiner Verdienste zum Ehrendoktor.

5] Am Helga-Abri haben 1958 der Tübinger Prähistoriker Gustav Riek (1900–1976) und die Schelklinger Apothekerin und Heimatforscherin Gertraud Matschak (1907–1970) gegraben. Der Felsüberhang wurde während der Ausgrabungen nach der Tochter Helga der Apothekerin benannt. Riek war im Herbst 1941 als SS-Hauptsturmführer im SS-Sonderlager Hinzert bei Hermeskeil im Hunsrück an der Ermordung von 70 sowjetischen Soldaten aus dem Kriegsgefangenenlager Baumholder durch Zyankali-Injektionen beteiligt. 1976 erfolgten am Helga-Abri eine Sondage und danach weitere Ausgrabungen unter der Leitung des Tübinger Prähistorikers Joachim Hahn (1942–1997) bis 1984.

6] In der Spitalhöhle hat 1934 der Tübinger Prähistoriker Gustav Riek (s. Anm. 5) gegraben.

7] In der Höhle Malerfels haben im Herbst 1930 der Ingenieur Heinz Rösle (1888–1955) aus Heidenheim an der Brenz, 1931 Eduard Peters (s. Anm. 4) und 1971 der Tübinger Prähistoriker Gerd Albrecht gegraben.

8] In der Burghöhle von Dietfurt hat 1972 Wolfgang Taute (s. Anm. 2) gegraben.

9] Im Probstfels hat 1907 der Tübinger Prähistoriker Robert Rudolf Schmidt (1882–1950) gegraben. 1907 promovierte er als einer der Ersten in Deutschland und Europa mit einem Thema zur Älteren Urgeschichte. Von 1907 bis 1910 untersuchte er etwa 30 Höhlen im Oberen Donautal. Bis zum Ende des Ersten Weltkrieges befasste er sich fast nur mit der Altsteinzeit und Mittelsteinzeit. Zwischen 1921 und 1930 wirkte er als Professor für Urgeschichte und Vorstand des Instituts für Urgeschichte an der Universität Tübingen. Viele seiner Publikationen veröffentlichte er lediglich mit seinen

Initialen „R. R". Häufig werden seine Vornamen irrtümlich erwähnt, beispielsweise als Richard Rudolf oder Rudolf Robert. – Im Juni 1931 nahm Eduard Peters (s. Anm. 4) eine Probegrabung im Probstfels vor, der auch Probstfelsen genannt wird. Die in diesem Felsen befindliche Grotte oder Höhle wird als Probstfelshöhle oder Probstfelsenhöhle bezeichnet. – Der Name Probstfels bezieht sich angeblich darauf, dass ein Propst (Vorsteher eines Klosterstifts) gerne zu dem nahe des Klosters Beuron liegenden Felsen spazierenging. Einmal soll ein Bediensteter den Propst ins Donautal gestoßen, ihm seinen Schlüssel abgenommen und seine Schätze gestohlen haben. Dann sei der Räuber ins Elend geflohen.

10] lm Felsdach Lautereck hat im Oktober 1963 Wolfgang Taute (s. Anm. 2) gegraben. Dabei wurden eine endmesolithische, drei neolithische und eine bronzezeitliche Kulturschicht festgestellt.

Literatur

ALT, Kurt W: Alfred Czarnetzki 1937–2013. In: Bulletin der Schweizerischen Gesellschaft für Anthropologie 1, S. 5–13, Zürich 2013.

BRECHBÜHL, Roland: Bandi, Hans-Georg. In: Historisches Lexikon der Schweiz, Version vom 16. 4. 2020. https://hls-dhs-dss.ch/de/articles/043600/2020-04-16/, konsultiert am 18.03.2021.

CONARD, Nicholas: Joachim Hahn (1942–1997). In: Archäolgisches Nachrichtenblatt 3, S. 214, Berlin 1998.

CZARNETZKI, Alfred: Die menschlichen Zähne aus dem Mesolithikum der Jägerhaus-Höhle und des Felsdaches Inzigkofen an der oberen Donau. In: TAUTE, Wolfgang: Das Mesolithikum in Süddeutschland 2, Tübinger Monographien zur Urgeschichte, S. 75–177, Tübingen 1978.

CZARNETZKI, Alfred: Die menschlichen Skelettreste aus der mesolithischen Kulturschicht der Falkensteinhöhle bei Thiergarten an der oberen Donau. In: TAUTE, Wolfgang herausgeber); Das Mesolithikum in Süddeutschland 2, Tübinger Monographien zur Urgeschichte, S. 169–174, Tübingen 1978.

CZARNETZKI, Alfred: Eine mesolithische Bestattung aus dem Felsställe bei Mühlen, Stadt Ehingen, Alb-Donau-Kreis. In: KIND, Claus-Joachim: Das Felsställe. Forschungen und Berichte zur Vor– und Frühgeschichte in Baden-Württemberg 23, S. 365–372, Esslingen 1987.

CZIESLA, Erwin: Wolfgang Taute (18.5.1934–29.11.1995) Nachruf und Schriftenverzeichnis. In: Bulletin de la Société Préhistorique Luxembourgeoise 18, S. 7–10, Luxemburg 1996.

GIETZ, Franz Josef: Spätes Jungpaläolithikum und Mesolithikum in der Burghöhle Dietfurt an der oberen Donau. (= Materialhefte zur Archäologie in Baden-Württemberg; 60). Stuttgart 2001.

GÖTZE, Jörg: Tote im Bauch der Erde. Steinzeitliche Menschenreste aus Höhlen und Abris Südwestdeutschlands und angrenzender Gebiete. Magisterarbeit, Tübingen 2010.

HAAS, Sigrid: Die menschlichen Skelettreste des Spätpleistozäns und Frühholozäns in Baden-Württemberg, Magisterarbeit, Tübingen 1994.

HAHN, Joachim: Die steinzeitliche Besiedlung des Eselburger Tales bei Heidenheim (Schwäbische Alb), Stuttgart 1964.

HAHN, Joachim: Die frühe Mittelsteinzeit. Aus: MÜLLER-BECK, Hansjürgen: Urgeschichte in Baden-Württemberg, S. 363–392, Stuttgart 1983.

JOACHIM, Michael: Der mittelsteinzeitliche Fundplatz Henauhof Nordwest. Stadt Bad Buchau, Kreis Biberach. Archäologische Ausgrabungen in Baden-Württemberg 1985, S. 33–36, Stuttgart 1986.

KIESELBACH, Petra / KIND, Claus-Joachim / MILLER, Ann M. / RICHTER, Daniel: „Siebenlinden 2". Ein mesolithischer Lagerplatz bei Rottenburg am Neckar, Kreis Tübingen. In: Materialhefte zur Archäologie in Baden-Württemberg 51, Stuttgart 2000.

KIND, Claus Joachim: Eduard Peters. In Württembergische Biographien 1, S. 201–203.

KIND, Claus-Joachim: Die abschließende Grabungskampagne 1985 in Ulm-Eggingen, Stadtkreis Ulm. Archäologische Ausgrabungen in Baden-Württemberg

1985, S. 45–51, Stuttgart 1986.

KIND, Claus-Joachim: Das Felsställe: eine jungpaläo-lithisch-frühmesolithische Abri-Station bei Ehingen-Mühlen, Alb-Donau-Kreis: die Grabungen 1975–1980. In: Landesdenkmalamt Baden-Württemberg, Stuttgart 1987.

KIND, Claus-Joachim: Die spätmesolithischen Ufer-randplätze am Henauhof bei Bad Buchau am Federsee, Kreis Biberach. Archäologische Ausgrabungen in Baden-Württemberg 1989, S. 57–62, Stuttgart 1990.

KIND, Claus-Joachim: Die letzten Jäger und Sammler. Das Mesolithikum in Baden-Württemberg. In: Archäologie der Zukunft – Direktvermittlung Wissen, Band 35, Nr. 1, S. 10–17, 2016.

KIND, Claus-Joachirn / TORKE, Wolfgang G.: Vorbericht über die Grabungen 1975–1980 in dem Abri „Felsställe" in Mühlen bei Ehingen. Alb-Donau--Kreis. Archäologisches Korrespondenzblatt 10, S. 99–110, Mainz 1980.

KNOPF, Thomas: Schmidt, Robert Rudolf (1882–1950). In: Propylaeu Vitae. Akteure – Netzwerke Praktiken. https://sempub.ub.uni-heidelberg.de/propylaeum_vitae/de/wisski/navigate/7913/view

MÜLLER-BECK, Hansjürgen: Die späte Mittelsteinzeit. Urgeschichte in Baden--Württemberg, S. 398–404, Stuttgart 1983.

OAKLEY, Kenneth Page / CAMPBELL, Bernard Grant / MOLLESON, Theya Ivitsky: Falkenstein. Aus: Catalogue of fossil Hominids, Part II: Europe. Trustees of the British Museum (Natural History), S. 193–194, London 1971.

OAKLEY, Kenneth Page / CAMPBELL, Bernard Grant / MOLLESON, Theya Ivitsky: Hohlenstein. Aus: Catalogue of fossil Hominids, Part II: Europe. Trustees of the British Museum (Natural History), S. 194–195, London 1971.

ORSCHIEDT, Jörg: Ergebnisse einer neuen Untersuchung der spätmesolithischen Kopfbestattungen aus Süddeutschland. In: CONARD, Nicholas C. / KIND, Claus-Joachim (Herausgeber): Aktuelle Forschungen zum Mesolithikum – Current Mesolithic Research. Urgeschichtliche Materialhefte 12, S. 147–160, Tübingen 1998.

PETERS, Eduard: Das Mesolithikum der oberen Donau. Germania 18, S. 81–89, Berlin 1934.

PETERS, Eduard: Meine Tätigkeit im Dienst der Vorgeschichte Südwestdeutschlands, Veringenstadt 1946.

PROBST, Ernst: Fund im Donau-Raum: Neues über die Bestattungsriten in der Mittelsteinzeit. Die Angst unserer Urahnen vor einem Erscheinen von Wiedergängern. Die Welt, S. 20, Bonn, 9. September 1988.

SCHREG, Rainer: Viele Wege und ein Ziel. Albert Kley zum 100. Geburtstag, Geislingen 2007.

SEEWALD, Christa: Postmesolithische Funde vom Hohlenstein im Lonetal (Markung Asselfingen, Kreis Ulm). Fundberichte aus Schwaben, Neue Folge 19, S. 342–395, Stuttgart 1971.

TAUTE, Wolfgang: Das Felsdach Lautereck, eine mesolithisch-neolithische-bronzezeitliche Stratigraphie an der oberen Donau. In: Palaeohistoria 12, 1966, Groningen 1967.

TAUTE, Wolfgang: Grabungen zur mittleren Steinzeit in Höhlen und unter Felsdächern der Schwäbischen Alb, 1961 bis 1965. In Fundberichte aus Schwaben, NF 18/I, S. 14–21, Stuttgart 1967.

TAUTE, Wolfgang: Die spätpaläolithisch-frühmesolithische Schichtenfolge im Zigeunerfels bei Sigmaringen (Vorbericht). In: Archäologische Informationen 1, S. 29–40,

Kerpen-Loogh 1972.
TAUTE, Wolfgang / BRUNNACKER, Karl /
KOENIGSWALD, Wighart von / RÄHLE, W. /
SCHWEINGRUBER, Fritz Hans / WILLE, W.: Der
Übergang vom Pleistozän zum Holozän in der Burghöhe
von Dietfurt bei Sigmaringen. In: Archäologis-
cheGesellschaft Köln 15 (Jahresgabe 1975–1977,
Festschrift H. Schwabedissen), S. 86–160, Köln 1981.
VÖLZING, Otto: Die Grabungen 1937 am Hohlestein im
Lonetal. Markung Asselfingen, Kr. Ulm. Mesolithische
Kopfbestattung mit drei Schädeln. Neolithische
Knochentrümmerstätte mit vorwiegend menschlichen
Resten. Fundberichte aus Schwaben, Neue Folge 9, S. 1–7,
Stuttgart 1935–1938.

Autor Ernst Probst.
Foto: Klaus Benz, Fotograf, Mainz-Laubenheim

Der Autor

Ernst Probst, geboren am 20. Januar 1946 in Neunburg vorm Wald im bayerischen Regierungsbezirk Oberpfalz, ist Journalist und Wissenschaftsautor. Er arbeitete von 1968 bis 1971 bei den „Nürnberger Nachrichten", von 1971 bis 1973 in der Zentralredaktion des „Ring Nordbayerischer Tageszeitungen" in Bayreuth und von 1973 bis 2001 bei der „Allgemeinen Zeitung", Mainz. In seiner Freizeit schrieb er Artikel für die „Frankfurter Allgemeine Zeitung", „Süddeutsche Zeitung", „Die Welt", „Frankfurter Rundschau", „Neue Zürcher Zeitung", „Tages-Anzeiger", Zürich, „Salzburger Nachrichten", „Die Zeit", „Rheinischer Merkur", „Deutsches Allgemeines Sonntagsblatt", „bild der wissenschaft", „kosmos", „Deutsche Presse-Agentur" (dpa), „Associated Press" (AP) und den „Deutschen Forschungsdienst" (df). Aus seiner Feder stammen die Bücher „Deutschland in der Urzeit" (1986), „Deutschland in der Steinzeit" (1991), „Rekorde der Urzeit" (1992), „Dinosaurier in Deutschland" (1993 zusammen mit Raymund Windolf) und „Deutschland in der Bronzezeit" (1996). Von 2001 bis 2006 betätigte sich Ernst Probst als Buchverleger sowie zeitweise als internationaler Fossilienhändler und Antiquitätenhändler. Insgesamt veröffentlichte er mehr als 300 Bücher, Taschenbücher, Broschüren und über 300 E-Books.

Rekonstruktion eines jungen Homo sapiens aus der Mittelsteinzeit.
Foto: Matteo De Stefano / Muse = Museo della Science, Trento /
CC BY-SA 3.0,
lizensiert unter Creative-Commons-Lizenz by-sa-3.0,
https://creativecommons.org/licenses/by-sa/3.0/legalcode

Bücher von Ernst Probst

(Auswahl)

Als Mainz im Meer lag
Als Mainz noch nicht am Rhein lag
Archaeopteryx. Die Urvögel in Bayern
Christl-Marie Schultes. Die erste Fliegerin in Bayern
(zusammen mit Theo Lederer)
Der Europäische Jaguar
Der Mosbacher Löwe. Die riesige Raubkatze aus
Wiesbaden
Der Rhein-Elefant. Das Schreckenstier von Eppelsheim
Der Schwarze Peter. Ein Räuber im Hunsrück und
Odenwald
Der Ur-Rhein. Rheinhessen vor zehn Millionen Jahren
Deutschland im Eiszeitalter
Deutschland in der Frühbronzezeit
Deutschland in der Mittelbronzezeit
Deutschland in der Spätbronzezeit
Die Aunjetitzer Kultur in Deutschland
Die Straubinger Kultur in Deutschland
Die Singener Gruppe
Die Arbon-Kultur in Deutschland
Die Ries-Gruppe und die Neckar-Gruppe
Die Adlerberg-Kultur
Der Sögel-Wohlde-Kreis
Die nordische Bronzezeit in Deutschland
Die Hügelgräber-Kultur in Deutschland
Die ältere Bronzezeit in Nordrhein-Westfalen
Die Bronzezeit in der Lüneburger Heide

Die Stader Gruppe
Die Oldenburg-emsländische Gruppe
Die Urnenfelder-Kultur in Deutschland
Die ältere Niederrheinische Grabhügel-Kultur
Die Unstrut-Gruppe
Die Helmsdorfer Gruppe
Die Saalemündungs-Gruppe
Die Lausitzer Kultur in Deutschland
Die Dolchzahnkatze Megantereon
Die Dolchzahnkatze Smilodon
Die Säbelzahnkatze Homotherium
Die Säbelzahnkatze Machairodus
Die Schweiz in der Frühbronzezeit
Die Rhône-Kultur in der Westschweiz
Die Arbon-Kultur in der Schweiz
Die Schweiz in der Mittelbronzezeit
Die Schweiz in der Spätbronzezeit
Dinosaurier von A bis K. Von Abelisaurus bis zu
Kritosaurus
Dinosaurier von L bis Z. Von Labocania bis zu
Zupaysaurus
Der rätselhafte Spinosaurus. Leben und Werk des Forschers
Ernst Stromer von Reichenbach
Eiszeitliche Geparde in Deutschland
Eiszeitliche Leoparden in Deutschland
Frauen im Weltall
Hildegard von Bingen. Die deutsche Prophetin
Höhlenlöwen. Raubkatzen im Eiszeitalter
Julchen Blasius. Die Räuberbraut des Schinderhannes
Johann Jakob Kaup. Der große Naturforscher aus
Darmstadt
Königinnen der Lüfte

Königinnen der Lüfte in Deutschland
Königinnen der Lüfte in Europa
Königinnen der Lüfte in Frankreich
Königinnen der Lüfte in England und Australien
Königinnen der Lüfte in Amerika
Königinnen der Lüfte von A bis Z
Königinnen des Tanzes
Malende Superfrauen
Meine Worte sind wie die Sterne Die Entstehung der Rede
des Häuptlings Seattle (zusammen mit Sonja Probst,
verheiratete Werner)
Monstern auf der Spur. Wie die Sagen über Drachen,
Riesen und Einhörner entstanden
Neues vom Ur-Rhein. Interview mit dem Geologen und
Paläontologen Dr. Jens Sommer
Österreich in der Frühbronzezeit
Österreich in der Mittelbronzezeit
Österreich in der Spätbronzezeit
Pompadour und Dubarry. Die Mätressen von Louis XV.
Raub-Dinosaurier von A bis Z. Mit Zeichnungen von
Dmitry Bogdanav und Nobu Tamura
Rekorde der Urmenschen. Erfindungen, Kunst und
Religion
Rekorde der Urzeit. Landschaften, Pflanzen und Tiere
Säbelzahnkatzen. Von Machairodus bis zu Smilodon
Säbelzahntiger am Ur-Rhein. Machairodus und
Paramachairodus
Superfrauen aus dem Wilden Westen
Superfrauen 1 – Geschichte
Superfrauen 2 – Religion
Superfrauen 3 – Politik
Superfrauen 4 – Wirtschaft und Verkehr

Superfrauen 5 – Wissenschaft
Superfrauen 6 – Medizin
Superfrauen 7 – Film und Theater
Superfrauen 8 – Literatur
Superfrauen 9 – Malerei und Fotografie
Superfrauen 10 – Musik und Tanz
Superfrauen 11 – Feminismus und Familie
Superfrauen 12 – Sport
Superfrauen 13 – Mode und Kosmetik
Superfrauen 14 – Medien und Astrologie
Tony und Bruno Werntgen. Zwei Leben für die Luftfahrt
(zusammen mit Paul Wirtz)
Was ist ein Menhir? Interview mit dem Mainzer
Archäologen
Dr. Detert Zylmann
Wer ist der kleinste Dinosaurier? Interviews mit dem
Wissenschaftsautor Ernst Probst
Wer war der Stammvater der Insekten? Interview mit dem
Stuttgarter Biologen und Paläontologen Dr. Günther Bechly
Kastel in der Vorzeit. Von der Jungsteinzeit bis Christi
Geburt
Kostheim in der Vorzeit. Von der Jungsteinzeit bis Christi
Geburt
Wiesbaden in der Steinzeit. Von Eiszeit-Jägern bis zu
frühen Bauern
Anno 1.000.000. Deutschland in der älteren Altsteinzeit
Die Altsteinzeit. Eine Periode der Steinzeit in Europa vor
etwa 1.000.000 bis 10.000 Jahren
Das Protoacheuléen. Eine Kulturstufe der Altsteinzeit vor
etwa 1,2 Millionen bis 600.000 Jahren
Das Altacheuléen. Eine Kulturstufe der Altsteinzeit vor etwa
600.000 bis 350.000 Jahren

Die Mittelsteinzeit in Baden-Württemberg
Die Mittelsteinzeit in Bayern
Die Mittelsteinzeit in Rheinland-Pfalz
Die Mittelsteinzeit in Hessen
Die Mittelsteinzeit in Nordrhein-Westfalen
Die Mittelsteinzeit in Niedersachsen
Die Mittelsteinzeit in Thüringen, Sachsen-Anhalt, Sachsen
und im südlichen Brandenburg
Die Mittelsteinzeit in Schleswig-Holstein, Mecklenburg
und im nördlichen Brandenburg
Die ersten Bauern in Deutschland. Die Linienband-
keramische Kultur (5.500 bis 4.900 v. Chr.)
Die Ertebölle-Ellerbek-Kultur. Eine Kultur der
Jungsteinzeit vor etwa 5.000 bis 4.300 v. Chr.
Die Stichbandkeramik. Eine Kultur der Jungsteinzeit vor
etwa 4.900 bis 4.500 v. Chr.
Die Oberlauterbacher Gruppe. Eine Kulturstufe der
Jungsteinzeit vor etwa 4.900 bis 4.500 v. Chr.
Die Hinkelstein-Gruppe. Eine Kulturstufe der
Jungsteinzeit vor etwa 4.900 bis 4.800 v. Chr.
Die Rössener Kultur. Eine Kultur der Jungsteinzeit vor
etwa 4.600 bis 4.300 v. Chr.
Die Kupferzeit. Wie die ersten Metalle in Mitteleuropa
bekannt wurden
Die Michelsberger Kultur. Eine Kultur der Jungsteinzeit
vor etwa 4.300 bis 3.500 v. Chr.
Das Rätsel der Großsteingräber. Die nordwestdeutsche
Trichterbecher-Kultur vor etwa 4.300 bis 3.000 v. Chr.
Die Baalberger Kultur. Eine Kultur der Jungsteinzeit vor
etwa 4.300 bis 3.700 v. Chr.
Pfahlbauten in Süddeutschland. Dörfer der Jungsteinzeit
und Bronzezeit an Seen, Mooren und Flüssen

Die Altheimer Kultur / Die Pollinger Gruppe. Zwei
Kulturen der Jungsteinzeit vor etwa 3.900 bis 3.500 v. Chr.
Die Salzmünder Kultur. Eine Kultur der Jungsteinzeit vor
etwa 3.700 bis 3.200 v. Chr.
Die Chamer Gruppe. Eine Kulturstufe der Jungsteinzeit
vor etwa 3.500 bis 2.800 v. Chr.
Die Wartberg-Kultur. Eine Kultur der Jungsteinzeit vor
etwa 3.500 bis 2.800 v. Chr.
Die Walternienburg-Bernburger Kultur. Eine Kultur der
Jungsteinzeit vor etwa 3.200 bis 2.800 v. Chr.
Die Kugelamphoren-Kultur. Eine Kultur der Jungsteinzeit
vor etwa 3.100 bis 2.700 v. Chr.
Die Schnurkeramischen Kulturen. Kulturen der
Jungsteinzeit von etwa 2.800 bis 2.400 v. Chr.
Die Einzelgrab-Kultur. Eine Kultur der Jungsteinzeit vor
etwa 2.800 bis 2.300 v. Chr.
Die Schönfelder Kultur. Eine Kultur der Jungsteinzeit vor
etwa 2.800 bis 2.200 v. Chr.
Die Glockenbecher-Kultur. Eine Kultur der Jungsteinzeit
vor etwa 2.500 bis 2.200 v. Chr.
Die ersten Bauern in Österreich. Die Linienbandkeramische
Kultur vor etwa 5.500 bis 4.900 v. Chr.
Die Lengyel-Kultur in Österreich. Eine Kultur der
Jungsteinzeit vor etwa 4.900 bis 4.400 v. Chr.
Die Mondsee-Gruppe. Eine Kulturstufe der Jungsteinzeit
vor etwa 3.700 bis 2.900 v. Chr.
Die Badener Kultur in Österreich. Eine Kultur der
Jungsteinzeit vor etwa 3.600 bis 2.900 v. Chr.
Die ersten Pfahlbauten in der Schweiz. Die Anfänge der
Pfahlbauforschung und die Egolzwiler Kultur
Die Cortaillod-Kultur. Eine Kultur der Jungsteinzeit vor
etwa 4.000 bis 3.500 v. Chr.

Die Pfyner Kultur in der Schweiz. Eine Kultur der
Jungsteinzeit vor etwa 4.000 bis 3.500 v. Chr.
Die Horgener Kultur in der Schweiz. Eine Kultur der
Jungsteinzeit vor etwa 3.500 bis 2.800 v. Chr.
Die Schnurkeramiker in der Schweiz. Eine Kultur der
Jungsteinzeit vor etwa 2.800 bis 2.400 v. Chr.